BEI GRIN MACHT SICH IHR WISSEN BEZAHLT

- Wir veröffentlichen Ihre Hausarbeit, Bachelor- und Masterarbeit

- Ihr eigenes eBook und Buch - weltweit in allen wichtigen Shops

- Verdienen Sie an jedem Verkauf

Jetzt bei www.GRIN.com hochladen und kostenlos publizieren

Kevin Drews

ATEX Richtlinien. Elektrische Anlagen in gasexplosions-gefährdeten Bereichen

GRIN Verlag

Bibliografische Information der Deutschen Nationalbibliothek:

Die Deutsche Bibliothek verzeichnet diese Publikation in der Deutschen National-bibliografie; detaillierte bibliografische Daten sind im Internet über http://dnb.d-nb.de/ abrufbar.

Impressum:

Copyright © 2004 GRIN Verlag GmbH
Druck und Bindung: Books on Demand GmbH, Norderstedt Germany
ISBN: 978-3-638-66863-7

Dieses Buch bei GRIN:

http://www.grin.com/de/e-book/62382/atex-richtlinien-elektrische-anlagen-in-gas-explosionsgefaehrdeten-bereichen

GRIN - Your knowledge has value

Der GRIN Verlag publiziert seit 1998 wissenschaftliche Arbeiten von Studenten, Hochschullehrern und anderen Akademikern als eBook und gedrucktes Buch. Die Verlagswebsite www.grin.com ist die ideale Plattform zur Veröffentlichung von Hausarbeiten, Abschlussarbeiten, wissenschaftlichen Aufsätzen, Dissertationen und Fachbüchern.

Besuchen Sie uns im Internet:

http://www.grin.com/

http://www.facebook.com/grincom

http://www.twitter.com/grin_com

Berufsakademie Sachsen

Staatliche Studienakademie

Bautzen

ATEX – Richtlinien

Elektrische Anlagen in

gasexplosionsgefährdeten Bereichen

Belegarbeit

eingereicht von

Drews Kevin

15.04.2005

Autorenreferat

Drews; Kevin: ATEX - Richtlinien, Berufsakademie Sachsen, Staatliche Studienakademie Bautzen, Studienrichtung Elektrotechnik, 1.Belegarbeit, (2005).

30 Seiten, 14 Literaturquellen, 5 Anlagen

Die folgende Arbeit befasst sich mit den neuen DIN VDE Normen zur Errichtung elektrischer Anlagen in gasexplosionsfähigen Bereichen. Sie soll einen kurz gefassten Überblick über die wesentlichen Gesichtspunkte des Explosionsschutzes geben. Verbindlich für die Pflichten der Hersteller, Errichter und Betreiber von elektrischen Anlagen in explosionsgefährdeten Bereichen sind die gesetzlichen Verordnungen. Es wird auf die historische Entwicklung bis zu den neusten ATEX – Richtlinien und nationalen Neuerungen eingegangen. Durch eine große Anzahl von Normen und EG – Richtlinien wird detailliert auf Schutzmaßnahmen, Zoneneinteilungen und Zündschutzarten hingewiesen. Die Kennzeichnung explosionsgeschützter elektrischer Betriebsmittel ist für jeden Betreiber und Errichter eine der wichtigsten Bestimmungen. Es wird nicht auf Kabeltypen und fachgerechter Brandschottung eingegangen.

Inhalt

Abkürzungen

ATEX	Atmosphäre Explosible – explosionsfähige Atmosphäre
DIN	Deutsches Institut für Normung
EG	Europäische Gemeinschaft
EN	Europäische Norm
EU	Europäische Union
Ex	Explosion
GewO	Gewerbeordnung
ggf.	gegebenfalls
GSG	Gerätesicherheitsgesetz
MESG	Maximum Experimental Safe Gap – Grenzspaltweite
MIC	Minimum Ignition Current – Mindestzündstromverhältnis
TRbF	Technische Regelungen für brennbare Flüssigkeiten
VDE	Verband Deutscher Elektriker
VpF	Verordnung brennbarer Flüssigkeiten
z.B.	zum Beispiel

1   Rechtsvorschriften

1.1   Historische Entwicklung

Die Wurzeln des Explosionsschutzes liegen im Bergbau unter Tage und in der Erdöl- und Erdgasförderung. In vielen Industriezweigen entweichen bei der Herstellung, Verarbeitung, Transport und Lagerung brennbarer Stoffe Gase, Dämpfe oder Nebel. Diese bilden mit dem Sauerstoff der Luft eine explosionsfähige Atmosphäre. Bei der Entzündung dieser Atmosphäre treten Explosionen auf. Zur Vermeidung von Explosionsgefahren sind in den meisten Ländern Schutzvorschriften in Form von Gesetzen, Verordnungen und Normen entwickelt worden. Auf diesen Grund beruht dann 1926 auch die erste VDE-Bestimmung (VDE 0170) für Schlagwetterschutz elektrischer Anlagen. Ab 1935 wurde in Deutschland die VDE 0165 „Leitsätze für die Errichtung elektrischer Anlagen in explosionsgefährdeten Betriebsstätten und Lagerräumen" herausgegeben. 1943 erschien die VDE 0171 „Bau explosionsgeschützter elektrischer Betriebsmittel". Neben den Anforderungen an Bauart und Ausführung der Betriebsmittel wurde zum ersten mal eine einheitliche Kennzeichnung (Ex) eingeführt. Alle Vorschriften/Richtlinien wurden im Laufe der Zeit entsprechend dem vorliegendem Wissensstand und Erkenntnissen ständig aktualisiert.

1.2   Neue EG-Richtlinien

Durch unterschiedliche Entwicklungen in den Ländern beschloss 1976 der Rat der Europäischen Gemeinschaft eine Richtlinie zur Angleichung der Ex-Vorschriften (76/117/EWG).

- Richtlinien nach Artikel 100a des EG-Vertrags (ATEX 100a)
  Mit dieser Richtlinie wurden die Beschaffungsanforderungen zum Explosionsschutz EU-weit harmonisiert und die Prüfbescheinigungen in der EU gegenseitig anerkannt. Diese Richtlinie gilt für alle industrielle Ex-Bereiche und bezieht den Staubexplosionsschutz mit ein.

- Richtlinien nach Artikel 118a des EG-Vertrags (ATEX 118a)
Mit dieser Richtlinie sind Mindestanforderungen für das Betreiben
explosionsgefährdeter Arbeitsstätten enthalten

1.3 Nationale Neuregelungen

Zur Umsetzung der EU-Richtlinien wurde in Deutschland die Gewerbeordnung
(GewO) in das Gerätesicherheitsgesetz (GSG) überführt. 1996 erfolgte die
Umsetzung der Richtlinie ATEX 100a in das deutsche Recht. Es gibt eine
Zweiteilung der Rechtsvorschriften zwischen "Inverkehrbringen- " und "Betrieb
von elektrischen Anlagen".

- EU   ATEX 100a Inverkehrbringen elektrischer Anlagen
- EU   ATEX 118a Betrieb von elektrischen Anlagen

Für die Einführung neuer Richtlinien gelten gewisse Übergangsfristen.

1.4 Sonstige nationale Vorschriften

- GSG Gesetz über technische Arbeitsmittel von 1992, geändert 1998
- Verordnung über Anlagen zur Lagerung, Abfüllung und Beförderung
brennbarer Flüssigkeiten (VbF) von 1980, geändert 1996
- DIN EN 60079-10 / VDE 0165, Teil 101
Elektrische Betriebsmittel für gasexplosionsgefährdete Bereiche   Teil
101 Einteilung der explosionsgefährdeten Bereiche
- Technische Regelungen für brennbare Flüssigkeiten (TRbF)
- Unfallverhütungsvorschriften "Allgemeine Vorschriften" BGV A1   (alt
VBG 1)
- Unfallverhütungsvorschriften "Elektrische Anlagen und Betriebsmittel"
BGV A2 (alt VBG 4)

- DIN EN 60079-14 / VDE 0165 Teil 1

  Elektrische Betriebsmittel für gasexplosionsgefährdete Bereiche

  Teil 14: ausgenommen Baugruben

- DIN EN 60079-17 / VDE 0165 Teil 10

  Elektrische Betriebsmittel für explosionsgefährdete Bereiche

  Teil 17: Prüfung und Instandhaltung elektrischer Anlagen in explosionsgefährdeten Bereichen

- DIN EN 50014 bis EN 50021 / VDE 0170/0171 Teil1 bis 16

  Elektrische Betriebsmittel für explosionsgefährdete Bereiche

- VDE 0105 Teil 9

  Betreib von Starkstromanlagen, Zusatzfestlegungen für explosionsgefährdete Bereiche

2   Physikalische Grundbegriffe und Definitionen

2.1   Definitionen

Explosionsfähige Atmosphäre

Explosionsfähige Atmosphäre ist ein aus Luft und brennbaren Gasen, Dämpfen oder Nebeln bestehendes Gemisch, in dem sich unter atmosphärischen Bedingungen eine Verbrennung nach Zündung von der Zündquelle aus selbstständig fortpflanzt.

Explosion

Eine Explosion ist eine unkontrollierte plötzliche chemische Reaktion eines brennbaren Stoffes mit Sauerstoff unter Freisetzung hoher Energie. Flammenausbreitungsgeschwindigkeit > 100m/s.

Voraussetzung für eine Explosion:
Brennbarer Stoff + Oxidationsmittel + Zündquelle = Explosion

2.2   Explosionsschutzmaßnahmen

Explosionsschutzmaßnahmen sind nach einer bestimmten Reihenfolge zu treffen

1. Primärer Explosionsschutz
   Unter primären Explosionsschutz versteht man Maßnahmen, welche eine Bildung von gefährlichen explosionsfähigen Atmosphären verhindern oder einschränken. Maßnahmen sind z.B. Verwendung geschlossener Systeme, Lüftungsmaßnahmen oder eine Konzentrationsüberwachung, welche weitere Schutzmaßnahmen automatisch auslöst.

2. Sekundärer Explosionsschutz

   Sekundärer Explosionsschutz heißt, die Entzündung einer
   explosionsgefährdeten Atmosphäre vermeiden. Maßnahmen sind z.B.
   eine Zoneneinteilung in explosionsgefährdeter Bereiche und Vermeidung
   von Zündquellen.

3. Tertiärer Explosionsschutz

   Unter tertiären Explosionsschutz versteht man alle Maßnahmen, welche
   die Auswirkungen einer Explosion auf ein unbedenkliches Maß
   beschränken sollen, z.B. Explosionsdruckentlastung und oder
   explosionsdruckfeste Bauweise bei Tanks.

2.3   Zoneneinteilung

Die Zoneneinteilung ist vom Betreiber oder Planer der jeweiligen Anlage
vorzunehmen.

Informationen und Hinweise hierzu findet man in der DIN EN 60079-10 / VDE
0165, Teil 101. In der EU regelt die ATEX 118a die Errichtung und den Betrieb
von Anlagen in explosionsgefährdeten Bereichen.

Explosionsgefährdete Bereiche werden in Zonen eingeteilt, um die Auswahl
elektrischer Betriebsmittel und sachgerechte Elektroinstallation zu erleichtern.
Grundlage für die Schutzmaßnahmen in explosionsfähigen Atmosphären ist die
Einteilung in Ex-Zonen. Anhand dieser Einteilung sieht man, wo Zündquellen
verhindert werden müssen und wie wahrscheinlich es ist, dass bei der
Herstellung, Verarbeitung, Lagerung brennbarer Gase bzw. Flüssigkeiten
explosionsfähige Gemische auftreten.

Es werden folgende Zonen unterschieden.

ZONE 0 / 20 nach VDE 0165 Teil 1/2

Umfasst Bereiche, in denen eine explosionsfähige Atmosphäre, die aus einem Gemisch von Luft und Gasen, Dämpfen oder Nebeln besteht, ständig, langzeitig oder häufig vorhanden ist.

Hierzu gehört in der Regel das inner von Behältern und Apparaturen.

ZONE 1 / 21 nach VDE 0165 Teil 1/2

Umfasst Bereiche, in denen damit zu rechnen ist, dass eine explosionsfähige Atmosphäre aus Gasen, Dämpfen oder Nebeln gelegentlich auftritt.

Hierzu gehören unter anderem der nähere Bereich der Zone 0, der Bereich um Füll- und Entleerungseinrichtungen und der nähere Bereich von leicht zerbrechlichen Apparaturen.

ZONE 2 / 22 nach VDE 0165 Teil 1/2

Umfasst Bereiche, in denen nicht damit zu rechnen ist, dass eine explosionsfähige Atmosphäre durch Gase, Dämpfe oder Nebel auftritt. Aber wenn sie dennoch auftritt, aller Wahrscheinlichkeit selten und dann nur während eines kurzen Zeitraums.

Hierzu gehören unter anderem Bereiche die Zone 0 und 1 umgeben.

In den Zonen 0 und 1 dürfen nur elektrische Betriebsmittel verwendet werden, für die eine Konformitätsbescheinigung oder eine Baumusterprüfungsbescheinigung vorliegt. In Zone 0 dürfen nur Betriebsmittel zugelassen werden, die ausdrücklich für diese Zone 0 zugelassen sind. In Zone 2 dürfen selbstverständlich auch Betriebsmittel von Zone 0 und 1 eingesetzt werden.

Siehe Anlage 1 und 2 (EG - Konformitätsbescheinigung,
EG - Baumusterprüfungsbescheinigung).

2.4 Kennzeichnung von Ex-Bereichen

Warnung vor explosionsfähiger Atmosphären durch ein dreieckiges, mit schwarzen Buchstaben **Ex** auf einem gelben Grund und schwarzem Rand. Dazu wird das Schild D-W021 nach DIN 4844-2 verwendet.

2.5 Kennzeichnung elektrischer Betriebsmittel in Ex-Bereichen

Dazu wird das Typenschild nach DIN EN 50014 verwendet.

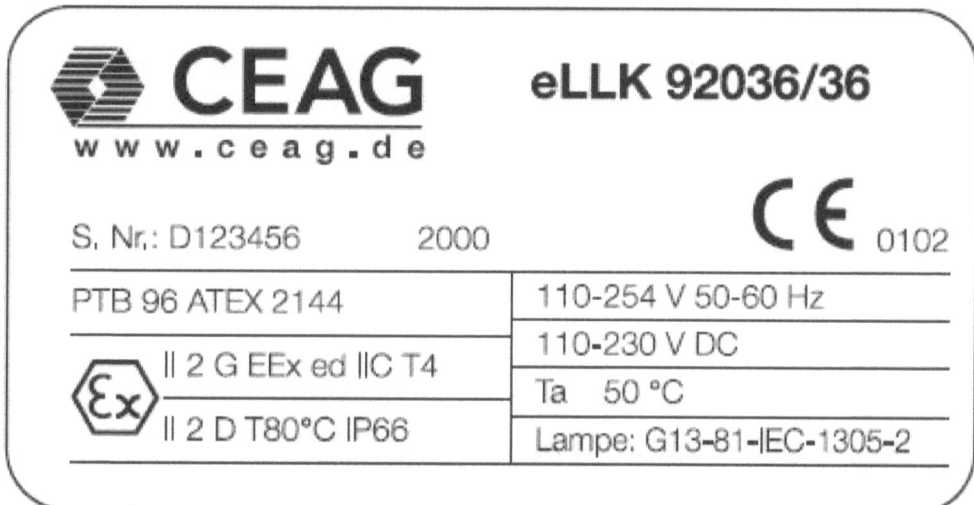

Typenschild nach DIN EN 50014 oder ATEX 94/9/EG

3 Zündschutzarten, Vermeidungen anderer Zündquellen

In Bereichen, in denen mit dem Auftreten gefährlicher explosionsfähiger Atmosphäre gerechnet werden muss (Einstufung der Ex-Zonen), dürfen nur explosionsgeschützte elektrische Betriebsmittel verwendet werden.

Die Herstellung erfolgt nach der EN 50014 bis EN 50021 / VDE 0170/0171 Teil 1.

In diesen Normen sind bestimmte Bau- und Prüfungsbestimmungen für elektrische Betriebsmittel enthalten. Festlegungen von Temperaturklassen und allgemeine Mindesteigenschaften von Gehäusen, Leitungen und Verschlüssen.

3.1 Tabelle der Zündschutzarten

Siehe Anlage 3 (Kennzeichnung der Zündschutzarten).

3.2 Vermeiden anderer Zündquellen

Elektrostatische Aufladung

Personen können sich beim Bewegen von Kleidungsstücken aufladen. Vorraussetzung für eine Aufladung ist ein isolierter Standort z.B. Schuhsohlen oder ein nichtleitender Fußboden. Die Aufladung kann so hoch werden, dass bei Annährung an einen leitfähigen Gegenstand eine Funkenentladung erfolgt und somit eine explosionsfähige Atmosphäre entzündet werden könnte. Nach BGR 123 sind in Zone 0 und 1 Maßnahmen zur Vermeidung solcher elektrostatischen Aufladungen zu treffen.

- elektrostatisch leitfähiger Fußboden (Ableitwiderstand max. 10^8 Ohm)
- ableitfähige Kleidung, Schuhwerk ggf. Handschuhe

deshalb ist es wichtig, dass Personen, die in der Zone 1 arbeiten, ableitfähige Kleidung und ableitfähiges Schuhwerk tragen.

Zündung durch Werkzeuge

Generell sind Werkzeuge die einen sogenannten Funkenregen erzeugen, in
keiner der Ex-Zonen zulässig!
Werkzeuge, bei denen nur ein einzelner Funke, wie z.B. bei einem
Schraubenzieher der auf Metall geschlagen wird, nur in Ex-Zone 2 zulässig.

4 Kenngrößen brennbarer Stoffe

4.1 Definitionen

Flammpunkt
Der Flammpunkt ist die niedrigste Temperatur, bei der sich aus einer
Flüssigkeit, mit Luft (Sauerstoff) ein entflammbares Gemisch entstehen kann.
Die Bildung gefährlicher explosionsfähiger Atmosphären ist bei normaler
Umgebungstemperatur für Stoffe der Gefahrenklasse A1, A2 und B möglich.
Für Stoffe der Gefahrenklasse A3 ist die Bildung einer explosionsfähigen
Atmosphäre nur bei Erwärmung über dem Flammpunkt möglich.

Gefahrenklasse	Flammpunkt
A 1	> 21°C
A 2	21°C bis 55°C
A 3	< 55°C bis 100°C
B	> 21°C, bei 15°C in Wasser löslich

Tabelle 1, Gefahrenklassen

Zündtemperatur
Die Zündtemperatur ist die niedrigste Temperatur einer erhitzten Oberfläche,
bei der ein Gemisch gerade noch zur Explosion gebracht wird. Das heißt, auch
ohne Einwirkung einer Flamme können sich Dämpfe einer Flüssigkeit
entzünden! Es genügt eine Erhitzung bis zur Zündtemperatur.

Maximale Oberflächentemperatur
Die maximale Oberflächentemperatur ist die Temperatur eines elektrischen
Betriebsmittels, unter den ungünstigsten Bedingungen. Dabei wird einen
maximale Umgebungstemperatur von 40°C berücksichtigt.

Explosionsgruppen

Grundlegend werden zwei Gruppen von Betriesmitteln unterschieden.

Gruppe 1   Elektrische Betriebsmittel für schlagwettergefährdete Baugruben

Gruppe 2   Elektrische Betriebsmittel für alle übrigen explosionsgefährdete
            Bereiche

Für die Betriebsmittel der Gruppe 2 ist für einige Zündschutzarten eine weitere
Unterteilung in Untergruppen (A, B, C) erforderlich. Für die Zündschutzart
druckfeste Kapselung erfolgt eine Einteilung nach der Grenzspaltweite (MESG).
Für eigensichere elektrische Betriebsmittel wird das Mindestzündstrom -
verhältnis (MIC) betrachtet.

Eine große Auswahl der wichtigsten Gase und Dämpfe nach ihrer Unterteilung
in Explosionsgruppen ist in der DIN/VDE 0170/0171 Teil 1 (EN 50014) zu
sehen.

Grenzspaltweite

Die Grenzspaltweite ist die Spaltenweite, bei der in einem Prüfgefäß mit 25mm
Spaltenlänge gerade kein Flammendurchschlag des Gemischs mehr stattfindet.
Die Grenzwertspaltweite wird auch als MESG bezeichnet.

Mindestzündstromverhältnis

Um eine explosionsfähige Atmosphäre zu zünden, muss ein Zündfunke einen
Mindestenergiegehalt haben. Der Mindestenergiegehalt ist eine bestimmte
spezifische Eigenschaft zündfähiger Gase oder Dämpfe. Das Mindest –
zündstromverhältnis wird auch als MIC bezeichnet.

4.2   Temperaturklassen

Die maximale Oberflächentemperatur eines elektrischen Betriebsmittels muss
stets kleiner sein als die Zündtemperatur. Um elektrische Betriebsmittel
kennzeichnen und auswählen zu können, werden mehrere Temperaturklassen
unterschieden.

Temperaturklasse	maximale Oberflächen-temperatur eines Betriebsmittels	Zündtemperatur eines brennbaren Stoffes
T 1	450°C	> 450°C
T 2	300°C	> 300°C bis 450°C
T 3	200°C	> 200°C bis 300°C
T 4	135°C	> 135°C bis 200°C
T 5	100°C	> 100°C bis 135°C
T 6	85°C	> 85°C bis 100°C

Tabelle 2, Temperaturklassen

5 Kennzeichnung Ex-geschützter elektrischer Betriebsmittel

Dies ist festgelegt in der Richtlinie 94/9/EG über „Geräte und Schutzsysteme zur bestimmungsgemäßen Verwendung in explosionsgefährdeten Bereichen". Wichtig für alle Ex- Geräte soll aus der Kennzeichnung ersichtlich sein, in welchen Bereichen sie zum Einsatz kommen können.

Aus der Kennzeichnung muss erkennbar sein

- der Hersteller
- die Prüfstelle
- die Zoneneinteilung
- die Zündschutzart
- der Einsatzbereich
- die Explosionsgruppe
- die Temperaturklasse

Kennzeichnung explosionsgeschützter Betriebsmittel

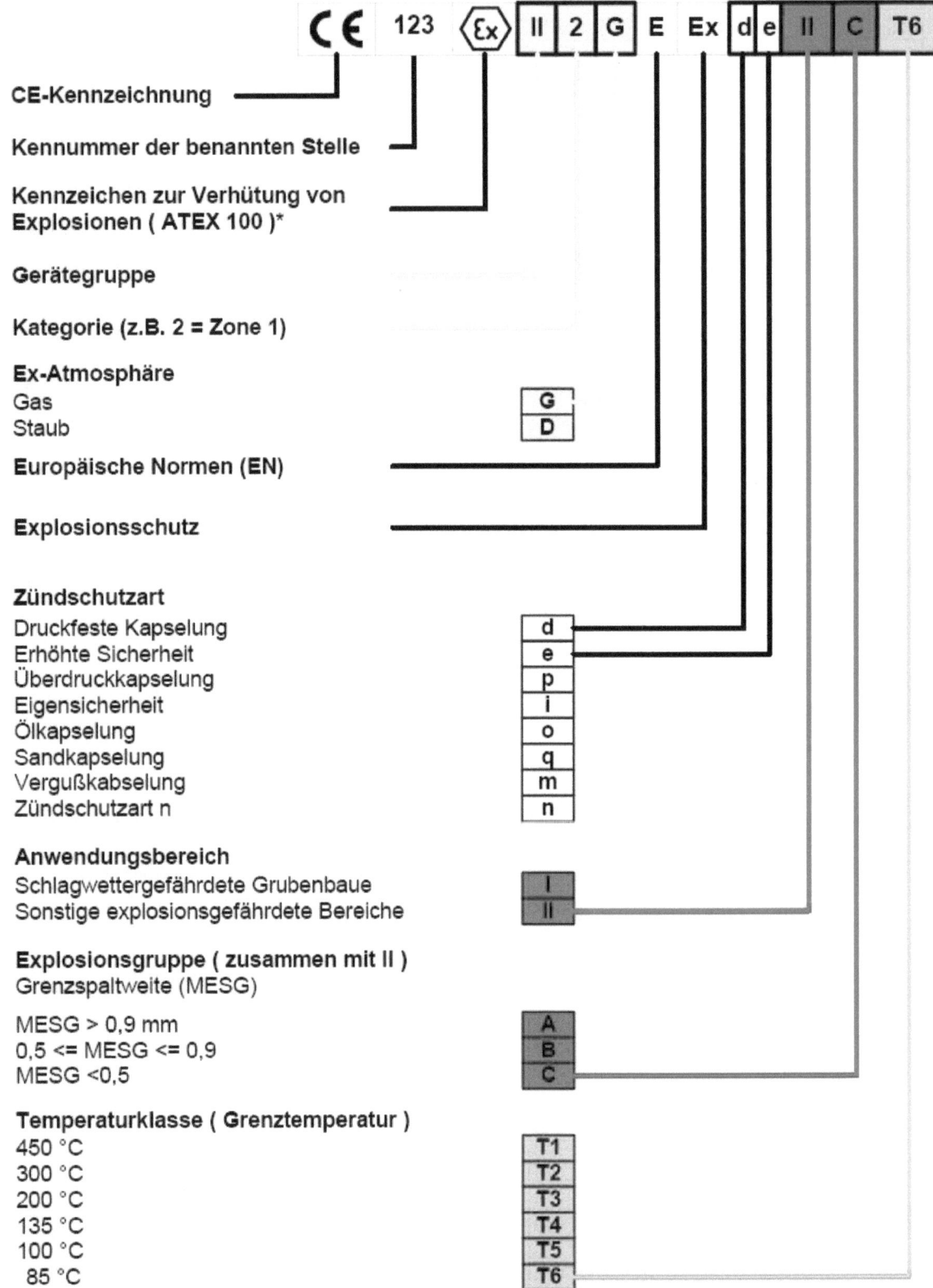

CE-Kennzeichnung

Kennnummer der benannten Stelle

Kennzeichen zur Verhütung von Explosionen (ATEX 100)*

Gerätegruppe

Kategorie (z.B. 2 = Zone 1)

Ex-Atmosphäre
Gas
Staub

Europäische Normen (EN)

Explosionsschutz

Zündschutzart
Druckfeste Kapselung
Erhöhte Sicherheit
Überdruckkapselung
Eigensicherheit
Ölkapselung
Sandkapselung
Vergußkapselung
Zündschutzart n

Anwendungsbereich
Schlagwettergefährdete Grubenbaue
Sonstige explosionsgefährdete Bereiche

Explosionsgruppe (zusammen mit II)
Grenzspaltweite (MESG)

MESG > 0,9 mm
0,5 <= MESG <= 0,9
MESG <0,5

Temperaturklasse (Grenztemperatur)
450 °C
300 °C
200 °C
135 °C
100 °C
 85 °C

Siehe Anlage 4 (Kennzeichnung explosionsgeschützter Betriebsmittel).

6 ATEX – und was steckt dahinter ?

ATmosphere EXplosible – explosionsfähige Atmosphäre

Eine Richtlinie ist keine Norm!

Hinter ATEX versteckt sich ein Schriftenwerk von Richtlinien, Normen, Gesetzen und Vorschriften. Die erste Richtlinie ATEX 95 (alt ATEX 100a) oder Richtlinie 94/9/EG von 1994, befasst sich mit dem Explosionsschutz. Sie betrifft Geräte und Schutzsysteme zur bestimmungsgemäßen Verwendung in explosionsgefährdeten Bereichen. Seit dem 20.03.2003 dürfen nur noch Betriebsmittel mit dieser Richtlinie in den Verkehr gebracht werden.

Nachfolgend in Kurzform eine Auflistung der entstandenen Europanormen unter der ATEX 95.

EN 1127-1	Explosionsschutz
EN 60079-10	Einteilung explosionsgefährdeter Bereiche
EN 60079-14	Elektrische Anlagen in explosionsgefährdeten Bereichen
EN 60079-17	Prüfung und Instandhaltung elektrischer Anlagen in Ex-Bereichen

Die zweite Richtlinie ATEX 137 oder Richtlinie 1999/92/EG vom 16.12.1999, befasst sich mit den Mindestvorschriften im Gesundheitsschutz der Arbeitnehmer und ist ab dem 30.06.2006 anzuwenden. Der Inhalt der ATEX 137 ist in die Betriebssicherheitsverordnung (BetrSichV) eingeflossen.

Ab dem 01.07.2003 müssen alle Geräte, die potentielle Zündquellen enthalten, für Zone 0 und 1 eine EG – Baumusterprüfbescheinigung aufweisen!

Anlagen

Anlage 1   EG – Konformitätserklärung

EG-Konformitätserklärung

EC Declaration of Conformity

Déclaration de Conformité CE

PTB Registriernummer
PTB Registration No.   **02 ATEX D022**
No. de registration PTB

Hiermit erklären wir, dass die Bauart der **FLUX Druckluftmotoren** in der gelieferten Ausführung folgenden einschlägigen Bestimmungen entspricht:

We herewith confirm that the construction of **FLUX Compressed Air Motors** corresponds to the following EC-rules:

Nous confirmons que la construction des **Moteurs pneumatiques FLUX** est conforme aux dispositions règlementaires suivantes:

Typ / Type
F 416 Ex, F 416-1 Ex, F 416-2 Ex

EG-Richtlinie 94/9/EG	EC Directive 94/9/EC	CE Directive 94/9/CE
betreffend Geräte und Schutzsysteme zur bestimmungsgemäßen Verwendung in explosionsgefährdeten Bereichen	concerning equipment and protective systems intended for use on potentially in explosive atmospheres	concernant les appareils et les systèmes de protection destinés à être utilisés en atmosphères explosives

II 2 G cp IIC T6

Maulbronn, 29.11.2002

FLUX-GERÄTE GMBH

gez. Klaus Hahn
Geschäftsführer

Geschäftsräume:	Telefon: 0 70 43/101-0	e-mail: info @ flux-pumpen.de	UST-IdNr.:	LBBW	Commerzbank AG	Deutsche Bank AG
Talweg 12	Fax Inland: 0 70 43/101-444	http://www.flux-pumpen.de	DE147 856 213	Stuttgart 2 016 920	Stuttgart 5 278 767	Stuttgart 1101 450
D-75433 Maulbronn	Fax-Export: 0 70 43/101-555			BLZ 600 501 01	BLZ 600 400 71	BLZ 600 700 70

Handelsregister: Amtsgericht Stuttgart, HRB 1604   Sitz der Gesellschaft: Stuttgart   Geschäftsführer: Klaus Hahn, Herbert Hahn   **Zertifiziert nach DIN EN ISO 9001**

Anlage 2   EG – Baumusterprüfbescheinigung

Blatt 1

Physikalisch-Technische Bundesanstalt

Braunschweig und Berlin

(1)   # EG-Baumusterprüfbescheinigung

(2)   Geräte und Schutzsysteme zur bestimmungsgemäßen Verwendung in explosionsgefährdeten Bereichen - **Richtlinie 94/9/EG**

(3)   EG-Baumusterprüfbescheinigungsnummer

PTB 00 ATEX 4108 X

(4)   Gerät: Faßpumpe "F 424 S-../.."

(5)   Hersteller: Firma Flux - Geräte GmbH

(6)   Anschrift: D-75433 Maulbronn, Talweg 12

(7)   Die Bauart dieses Gerätes sowie die verschiedenen zulässigen Ausführungen sind in der Anlage zu dieser Baumusterprüfbescheinigung festgelegt.

(8)   Die Physikalisch-Technische Bundesanstalt bescheinigt als benannte Stelle Nr. 0102 nach Artikel 9 der Richtlinie des Rates der Europäischen Gemeinschaften vom 23. März 1994 (94/9/EG) die Erfüllung der grundlegenden Sicherheits- und Gesundheitsanforderungen für die Konzeption und den Bau von Geräten und Schutzsystemen zur bestimmungsgemäßen Verwendung in explosionsgefährdeten Bereichen gemäß Anhang II der Richtlinie.

Die Ergebnisse der Prüfung sind in dem vertraulichen Prüfbericht PTB Ex 00-40108 festgelegt.

(9)   Die grundlegenden Sicherheits- und Gesundheitsanforderungen werden erfüllt durch Übereinstimmung mit

Prüfregeln der PTB "Explosionsschutz an Faßpumpen"
in Verbindung mit EN 1127-1 und EN 50014

(10)   Falls das Zeichen "X" hinter der Bescheinigungsnummer steht, wird auf besondere Bedingungen für die sichere Anwendung des Gerätes in der Anlage zu dieser Bescheinigung hingewiesen.

(11)   Diese EG-Baumusterprüfbescheinigung bezieht sich nur auf Konzeption und Bau des festgelegten Gerätes gemäß Richtlinie 94/9/EG. Weitere Anforderungen dieser Richtlinie gelten für die Herstellung und das Inverkehrbringen dieses Gerätes.

(12)   Die Kennzeichnung des Gerätes muß die folgenden Angaben enthalten:

⟨Ex⟩ II 1/2 G   IIB T4

Zertifizierungsstelle Explosionsschutz   Braunschweig, 2000-04-13
Im Auftrag

Dr. H. Förster
Regierungsdirektor

Seite 1/4

Anlage 2   EG – Baumusterprüfbescheinigung

Blatt 2

Physikalisch-Technische Bundesanstalt

Braunschweig und Berlin

(13)   **A n l a g e**

(14)   **EG-Baumusterprüfbescheinigung PTB 00 ATEX 4108 X**

(15) Beschreibung des Gerätes

Faßpumpe Typ "F 424 S-../.." (anstelle der Punkte wird der Durchmesser des Außenrohres und des Rotors gesetzt) mit 200 mm bis max. 1500 mm Tauchrohrlänge und bis G 1$^1/_2$ Anschluß zur Förderung brennbarer Flüssigkeiten, die zu den Explosionsgruppen IIA und IIB und den Temperaturklassen T1 bis T4 gehören, aus ortsbeweglichen Gefäßen. Die Faßpumpe besteht aus einem Stahlrohr als Pumpengehäuse, einer Pumpenwelle mit Wellenlagerung und Wellenabdichtung, einem Pumpenrotor und Pumpenstator und einem Verbindungsteil für den Antriebsmotor. Die Pumpe kann wahlweise mit verschiedenen Rotoren ausgerüstet werden. Die Bauart, Werkstoffe und Abmessungen sind durch die in der Anlage aufgeführten Zeichnungen Stückliste und Datenblätter festgelegt.

Anforderungen an den Explosionsschutz:
Kategorie 1: Der außenliegende Teil des Rohrsatzes zwischen Saugöffnung und Druckstutzen.
Kategorie 2: Der außenliegende Teil des Rohrsatzes zwischen Druckstutzen und Verbindungsteil für einen Antriebsmotor und der innenliegende Teil des Rohrsatzes (bei bestimmungsgemäßer Förderung durch die geförderte Flüssigkeit bedeckt).

(16) Prüfbericht PTB Ex 00-40108 (bestehend aus 4 Seiten, 40 Zeichnungen, 1 Stückliste und 2 Datenblättern)

Ergebnis: Das Baumuster entspricht den Bestimmungen der Richtlinie 94/9/EG für Geräte der Gerätegruppe II, (Unterteilung II B nach EN 50014), Temperaturklasse T4 nach EN 50014 und - wie unter (15) in den Anforderungen zum Explosionsschutz spezifiziert - in einem Teil der Kategorie 1 und im anderen Teil der Kategorie 2.

(17) Besondere Bedingungen

- Beim Einsatz der Faßpumpe Typ "F 424 S-50/46", "F 424 S-50/45Z", "F 424 S-43/38" und "F 424 S-43/37Z" müssen sich alle am Verbindungsteil zusätzlich angebrachten Bauteile (Kupplung, Getriebe, Antriebsmotor usw.) außerhalb des ortsbeweglichen Behälters befinden. Dabei müssen die Anforderungen gemäß Gerätegruppe II (Unterteilung II B), Kategorie 2, Temperaturklasse T4 (EN 50014) erfüllt werden.
- Der Antriebsmotor (elektrisch oder mit Druckluft angetrieben) darf eine Leistung von 1,2 kW und eine Drehzahl von 14.000 min^{-1} nicht überschreiten.
- Die Faßpumpe darf nicht ortsfest eingesetzt werden. Der Betrieb der Pumpe ist während des Pumpvorganges so zu überwachen, daß Trocken- und Leerlaufphasen auf das betrieblich unbedingt notwendige Minimum beschränkt bleiben.

Anlage 2   EG – Baumusterprüfbescheinigung

Blatt 3

Physikalisch-Technische Bundesanstalt

Braunschweig und Berlin

Anlage zur EG-Baumusterprüfbescheinigung PTB 00 ATEX 4108 X

- Vor Inbetriebnahme der Faßpumpe ist eine konsequente Installation eines Potentialausgleiches für das Gesamtsystem nach EN 50014: 2.2000, Abschnitt 15 und weiterer mitgeltender EN-, IEC-, ISO- Vorschriften durchzuführen.
- Durch geeignete Maßnahmen zum Potentialausgleich ist eine gefährliche elektrostatische Aufladung von Geräteteilen zu verhindern. Dazu sind folgende Maßnahmen erforderlich:

  a) Erdung der Pumpe
  b) Potentialausgleich des Pumpenrohres mit dem Behälter (Faß).
  c) Potentialausgleich des Motors mit dem Behälter (Faß), bzw. mit dem Pumpenrohr, wenn das Pumpenrohr und der Antriebsmotor nicht leitfähig miteinander verbunden sind.
  d) Der Behälter ist separat zu erden, falls dies nicht schon durch die Art der Aufstellung gegeben ist.
  e) Grundsätzlich soll der an dem Druckstutzen der Faßpumpe angeschlossene Schlauch - hinsichtlich elektrostatischer Aufladungen - ausreichend leitfähig sein.
     Ist dies ausnahmsweise nicht der Fall, so ist die separate Erdung aller leitfähiger Teile (z. B. metallenes Mundstück am Schlauchende) unbedingt erforderlich.

- Innerhalb explosionsgefährdeter Bereiche ist die Pumpe nach den einschlägigen Vorschriften entweder
  a) über einen explosionsgeschützten Stecker, oder
  b) über einen explosionsgeschützten Klemmenkasten anzuschließen.

Befindet sich die Anschlußkupplung (Stecker) oder der Klemmenkasten eindeutig außerhalb des explosionsgefährdeten Bereiches, kann auf Explosionssicherheit an der Anschlußstelle verzichtet werden.

Die genannten Bedingungen sind in die Betriebsanleitung jeder Faßpumpe mit aufzunehmen und sind vom Betreiber zu erfüllen bzw. zu beachten.

(18) <u>Grundlegende Sicherheits- und Gesundheitsanforderungen</u>

Die grundlegenden Anforderungen der ATEX sind erfüllt.

Anlage 2   EG – Baumusterprüfbescheinigung

Blatt 4

Physikalisch-Technische Bundesanstalt

Braunschweig und Berlin

Anlage zur EG-Baumusterprüfbescheinigung PTB 00 ATEX 4108 X

Prüfungsunterlagen:

a) Baumuster der Faßpumpe Typ "F 424 S-43/38"
b) Zeichnungen, Stückliste und Datenblätter

Zeichnungs-Nr.	Datum	Zeichnungs-Nr.	Datum
424 80 035	16.02.2000	424 21 330	17.02.2000
410 14 028	05.10.1998	424 21 331	17.02.2000
420 14 612	22.02.2000	424 21 400	17.02.2000
420 20 329	17.02.2000	424 21 401	22.02.2000
420 20 429	17.02.2000	424 21 402	17.02.2000
420 24 008	05.10.1998	424 21 502	17.02.2000
420 24 296	05.10.1998	424 21 232	17.02.2000
420 51 242	05.10.1998	424 21 233	17.02.2000
424 21 026	17.02.2000	424 21 239	17.02.2000
424 21 027	17.02.2000	424 80 033	22.02.2000
424 21 028	17.02.2000	430 21 100	17.02.2000
424 21 029	17.02.2000	430 21 200	22.02.2000
424 21 030	17.02.2000	430 21 400	22.02.2000
424 21 033	17.02.2000	430 21 431	06.10.1998
424 21 035	22.02.2000	550 89 015	20.06.1997
424 21 036	22.02.2000	907 90 003	06.10.1998
424 21 100	17.02.2000	908 83 019	17.02.2000
424 21 107	17.02.2000	909 74 000	06.10.1998
424 21 200	22.02.2000	912 19 002	06.05.1999
424 21 202	17.02.2000	920 50 000	17.02.2000

Stückliste	Datum
424 80 035 (3 Blatt)	17.02.2000

Auflistung der Prüfungsunterlagen (2 Blatt) vom 22.02.2000
Edelstahl-Datenblatt Nr. 420 80 038   vom 28.02.2000
Schmiermittel-Datenblatt Nr. 430 80 003   vom 28.02.2000

Zertifizierungsstelle Explosionsschutz   Braunschweig, 2000-04-13
Im Auftrag

Dr. H. Förster
Regierungsdirektor

Seite 4/4

Anlage 3   Kennzeichnung der Zündschutzarten

Zündschutzarten

Zündschutzart	Schematische Darstellung	Hauptanwendung	Standard
Erhöhte Sicherheit		Klemmen und Anschlusskästen, Steuerkästen zum Einbau von Ex-Bauteilen (die in einer anderen Zünschutzart geschützt sind), Käfigläufermotoren, Leuchten	EN 50 019 IEC 60 079-7 FM 3600 UL 2279
Druckfeste Kapselung		Schaltgeräte und Schaltanlagen, Befehls- und Anzeigegeräte, Steuerungen, Motoren, Transformatoren,Heizgeräte, Leuchten	EN 50 018 IEC 60 079-1 FM 3600 UL 2279
Überdruckkapselung		Schalt- und Steuerschränke, Analysegeräte, große Motoren	EN 50 016 IEC 60 079-2 FM 3620 NFPA 496
Eigensicherheit		Mess- und Regeltechnik, Kommunikationstechnik, Sensoren, Aktoren	EN 50 020 IEC 60 079-11 FM 3610 UL 2279
Ölkapselung		Transformatorenn, Anlasswiderstände	EN 50 015 IEC 60 079-6 FM 3600 UL 2279
Sandkapselung		Transformatoren, Kondensatoren, Heizleiter-anschlusskästen	EN 50 017 IEC 60 079-5 FM 3600 UL 2279
Vergußkapselung		Schaltgeräte für kleine Leistungen, Befehls- und Meldegeräte, Anzeigegeräte,Sensoren	EN 50 028 IEC 60 079-18 FM 3600 UL 2279
Zünschutzart n	**Zone 2** Unter dieser Zünd-schutzart sind mehrere Zünd-schutzmethoden zusammengefasst	Alle elektrischen Betriebsmittel für Zone 2, weniger geeignet für Schaltgeräte und Schaltanlagen	EN 50 021 IEC 60 079-15

✱ ia=Einsatz in Zone 0,1,2
ib = Einsatz in Zone 1.2   [EEx ib] = zugehöriges elektrisches Betriebsmittel - Installation im sicheren Bereich

Auszug Datenblatt Stahl Schaltgeräte GmbH

Anlage 4 Kennzeichnung explosionsgeschützter Betriebsmittel

Bedingungen im explosionsgefährdeten Bereich

Brennbare Stoffe	Temporäres Verhalten der brennbaren Stoffe im Ex-Bereich	Einteilung der explosionsgefährdeten Bereiche	Erforderliche Kennzeichnung des einsetzbaren Betriebsmittels	
			Gerätegruppe	Gerätekategorie
Gase Dämpfe	sind ständig, langzeitig oder häufig vorhanden	Zone 0	II	1G
	treten gelegentlich auf	Zone 1	II	2G oder 1G
	treten wahrscheinlich nicht auf, wenn doch, nur selten oder kurzzeitig	Zone 2	II	3G oder 2G oder 1G
Stäube	sind ständig, langzeitig oder häufig vorhanden	Zone 20	II	1D
	treten gelegentlich auf	Zone 21	II	2D oder 1D
	treten durch aufgewirbelten Staub wahrscheinlich nicht auf, wenn doch nur selten oder kurzzeitig	Zone 22	II	3D oder 2D oder 1D
Methan	-	Bergbau	I	M1
Staub	-	Bergbau	I	M2 oder M1

Aufteilung der Gase und Dämpfe

Einsetzbarkeit des Betriebsmittels	Explosionsuntergruppe	Gase und Dämpfe			
IIA	IIA	Ammoniak Methan Ethan Propan	Ethylalkohol Cyclohexan n-Butan	Benzine allg. Düsenkraftstoff n-Hexan	Acetaldehyd
IIB	IIB	Stadtgas Acrylnitril	Ethylen Ethylenoxid	Ethylenglycol Schwefelwasserstoff	Ethylether
IIC	IIC	Wasserstoff	Ethin (Acetylen)		Kohlendisulfid

Temperaturklassen Zuordnung der Gase und Dämpfe nach Zündtemperatur

T1 > 450 °C	T2 > 300 bis ≤ 450 °C	T3 > 200 bis ≤ 300 °C	T4 > 135 bis ≤ 200 °C	T5 > 100 bis ≤ 135 °C	T6 > 85 bis ≤ 100 °C

Einsetzbarkeit der Betriebsmittel (T1, T2, T3, T4, T5, T6)

Einsatz des Betriebsmittels

Bedingungen	Kennzeichnung
Betriebsmittel einsetzbar ohne Einschränkung	-
besondere Einsatzbedingungen beachten	X
Ex-Bauteil mit Teilbescheinigung allein nicht einsatzfähig. CE-Konformität wird mit dem Einbau in ein komplettes Betriebsmittel bescheinigt.	U

CE 0032 〈Ex〉 **II 2G EEx d IIB T4** NB 99 ATEX 1234 **U**

Amtliche Prüfstellen

Benannte Stellen / Notified Bodies	Land	Kenn-Nummer
LCIE	Frankreich	0081
INERIS	Frankreich	0080
BAM	Deutschland	0589
DMT	Deutschland	0158
DQS	Deutschland	0297
FSA	Deutschland	0588
IBExU	Deutschland	0637
PTB	Deutschland	0102
TÜV (Nord Cert)	Deutschland	0032
SEE	Luxemburg	0499
KEMA	Niederlande	0344
SP	Schweden	0402
LOM	Spanien	0163
EECS (BASEEFA)	Großbritannien	0600
SCS	Großbritannien	0518

Schutzprinzip

Anwendung	Schutzprinzip	Zündschutzart	Symbol	Kennzeichnung	Einsatz des Betriebsmittels in Zone	CENELEC	IEC
alle Anwendungen	-	Allgemeine Forderung		-	-	EN 50014	60079-0
Schaltgeräte, Steuerungen, Motoren Befehls- und Meldegeräte, Leistungselektronik	Übertragung einer Explosion nach außen wird ausgeschlossen	Druckfeste Kapselung		EEx d	1 oder 2	EN 50018	60079-1
Abzweig- und Verbindungskästen, Gehäuse, Motoren, Leuchten, Klemmen	Vermeidung von Funken und Temperaturen	Erhöhte Sicherheit		EEx e	1 oder 2	EN 50019	60079-7
Mess-, Steuer- und Regeltechnik, Sensoren, Aktoren, Instrumentierung	Energiebegrenzung von Funken und Temperaturen	Eigensicherheit		EEx i	0, 1 oder 2***	EN 50020* EN 50039**	60079-11
Schalt- und Steuerschränke, Motoren, Mess- und Analysegeräte, Rechner	Ex-Atmosphäre wird von der Zündquelle ferngehalten	Überdruckkapselung		EEx p	1 oder 2	EN 50016**	60079-2
Spulen von Relais und Motoren, Elektronik, Magnetventile, Anschlusssysteme	Ex-Atmosphäre wird von der Zündquelle ferngehalten	Vergusskapselung		EEx m	1 oder 2	EN 50028	60079-18
Transformatoren, Relais, Anlaufsteuerungen, Schaltgeräte	Ex-Atmosphäre wird von der Zündquelle ferngehalten	Ölkapselung		EEx o	1 oder 2	EN 50015	60079-6
Transformatoren, Relais, Kondensatoren	Übertragung einer Explosion nach außen wird ausgeschlossen	Sandkapselung		EEx q	1 oder 2	EN 50017	60079-5
wie oben - nur für Zone 2	wie oben - nur für Zone 2	Schutzart 'n'		EEx n	2	EN 50021	60079-15

* Geräte ** Systeme *** ia Einsatz in Zone 0, 1, 2 / ib Einsatz in Zone 1, 2

Auszug Datenblatt BARTEC GmbH

Anlage 5   Zusammenstellung der VDE Normen

VDE 0022   Beiblatt 1, 1995-04

Satzung für das Vorschriftenwerk des VDE Verband Deutscher Elektrotechniker

e. V. Ziele und Struktur der VDE

VDE 0165   Teil 1, 2004-07   DIN EN 60079-14

Elektrische Betriebsmittel für gasexplosionsgefährdete Bereiche -Teil 14:

Elektrische Anlagen für gefährdete Bereiche (ausgenommen Grubenbaue)

(IEC 60079 -14: 2002); Deutsche Fassung EN 60079 -14: 2003

VDE 0165   Teil 10-1, 2004-06   DIN EN 60079-17

Elektrische Betriebsmittel für gasexplosionsgefährdete Bereiche -Teil 17:

Prüfung und Instandhaltung elektrischer Anlagen in explosionsgefährdeten

Bereichen (ausgenommen Grubenbaue) (IEC 60079-17: 2002); Deutsche

Fassung   EN 60079 - 17: 2003

VDE 0170/ 0171   Teil 1, 2004-12   DIN EN 60079-0

Elektrische Betriebsmittel für gasexplosionsgefährdete Bereiche -Teil 0:

Allgemeine Anforderungen (IEC 60079-0: 2004); Deutsche Fassung

EN 60079-0: 2004

VDE 0170/ 0171   Teil 2. 2000-02   DIN EN 50015

Elektrische Betriebsmittel für explosionsgefährdete Bereiche - Ölkapselung „o"

Deutsche Fassung EN 50015: 1998

VDE 0170/ 0171   Teil 4, 2000-02   DIN EN 50017

Elektrische Betriebsmittel für explosionsgefährdete Bereiche - Sandkapselung

„q" Deutsche Fassung EN 50017: 1998

VDE 0170/ 0171   Teil 5, 2004-12   DIN EN 60079-1.

Elektrische Betriebsmittel für gasexplosionsgefährdete Bereiche -Teil 1:

Druckfeste Kapselung „d" (IEC 60079-1: 2003); Deutsche Fassung

EN 60079 -1: 2004

VDE 0170/ 0171   Teil 6, 2004-02   DIN EN 60079-7

Elektrische Betriebsmittel für explosionsgefährdete Bereiche -Teil 7: Erhöhte

Sicherheit "e" (IEC 60079-7: 2001); Deutsche Fassung EN 60079 -7: 2003

VDE 0170/ 0171   Teil 7, 2003-08   DIN EN 50020

Elektrische Betriebsmittel für explosionsgefährdete Bereiche - Eigensicherheit

„i" Deutsche Fassung EN 50020: 2002

VDE 0170/ 0171   Teil 9, 2005-01   DIN EN 60079 -18

Elektrische Betriebsmittel für gasexplosionsgefährdete Bereiche -Teil 18:

Konstruktion, Prüfung und Kennzeichnung elektrischer Betriebsmittel mit der

Schutzart Vergusskapselung „m" (IEC 60079 -18: 2004); Deutsche Fassung

EN60079 -18: 2004

VDE 0170/ 0171.   Teil 10 -1, 2004-09   DIN EN 60079 -25

Elektrische Betriebsmittel für gasexplosionsgefährdete Bereiche -Teil 25:

Eigensichere Systeme (IEC 60079-25: 2003); Deutsche Fassung

EN 60079 -25: 2004

VDE 0170/ 0171   Teil 12-1, 2000-02   DIN EN 50284

Spezielle Anforderungen an Konstruktion, Prüfung und Kennzeichnung

elektrischer Betriebsmittel der Gerätegruppe II, Kategorie 1 G - Deutsche

Fassung EN 50284: 1999

VDE 0170/ 0171   Teil 13, 1986-11   DIN VDE 0170/ 0171-13

Elektrische Betriebsmittel für explosionsgefährdete Bereiche - Anforderungen

für Betriebsmittel der Zone 1

VDE 0170/ 0171   Teil 14-1, 2003-01   DIN EN 62013 -1

Kopf leuchten für die Verwendung in schlagwettergefährdeten Grubenbauen

Teil 1: Allgemeine Anforderungen Konstruktion und Prüfung in Relation zum

Explosionsrisiko (IEC 62013 -1: 1999, modifiziert); Deutsche Fassung

EN 62013 –1

VDE 0170/ 0171   Teil 15-1-1, 1999-10   DIN EN 50281-1-1

Elektrische Betriebsmittel zur Verwendung in Bereichen mit brennbarem Staub
Teil 1-1: Elektrische Betriebsmittel mit Schutz durch Gehäuse - Konstruktion
und Prüfung Deutsche Fassung EN 50281-1-1: 1998

VDE 0170/ 0171   Teil 16, 2004-05   DIN EN 60079 -15

Elektrische Betriebsmittel für gasexplosionsgefährdete Bereiche -Teil 15:
Zündschutzart „n" (IEC 60079-15: 2001, modifiziert); Deutsche Fassung
EN 60079-15: 2003

VDE 0170/ 0171   Teil 301, 2005-02   DIN EN 60079 -2

Elektrische Betriebsmittel für gasexplosionsgefährdete Bereiche -Teil 2:
Überdruckkapselung „p" (IEC 60079-2: 2001); Deutsche Fassung
EN 60079-2: 2004

VDE V 0185   Teil 3, 2002-11   DIN V VDE V 0185 -3

Blitzschutz - Teil 3: Schutz von baulichen Anlagen und Personen

VDE 0400   Teil 6, 2000-04   DIN EN 50073

Leitfaden für Auswahl, Installation, Einsatz und Wartung von Geräten für die
Detektion und die Messung von brennbaren Gasen oder Sauerstoff - Deutsche
Fassung EN 50073: 1999

VDE 0745   Teil 100, 2002-06   DIN EN 50050

Elektrische Betriebsmittel für explosionsgefährdete Bereiche - Elektrostatische
Handsprüheinrichtungen Deutsche Fassung EN 50050: 2001

VDE 0848   Teil 5, 2001-01   DIN VDE 0848-5

Sicherheit in elektrischen, magnetischen und elektromagnetischen Feldern -
Teil 5: Explosionsschutz

Quellenverzeichnis und Literaturverzeichnis

www.extec.de/ATEX.521.0.html?&L=0, [Online], 12.02.2005

www.tanner.de/de/fachportal-technische-dokumentation-redaktionssysteme/artikel, [Online], 12.02.2005

www.ceag.de, [Online], 28.01.2005

www.siemens.de/prozessinstrumentierung, [Online], 28.01.2005

www.bartec.de, [Online], 26.02.2005

DIN VDE 0165 Teil 1 Elektrische Betriebsmittel für gasexplosionsgefährdete Bereiche

DIN VDE 0165 Teil 14 Elektrische Anlagen für gefährdete Bereiche

Piester, J. :Explosionsschutz elektrischer Anlagen, 2.Auflage, Berlin: Verlag Technik 2005

Zeitschrift Elektropraktiker, Berlin 59 (2005) 2-Ausgabe

Jeiter/Nöthlichs: Explosionsschutz elektrischer Anlagen, Berlin: Erich Schmidt Verlag

K.Nabert und G. Schön: Sicherheitstechnische Kennzahlen brennbarer Gase und Dämpfe, Braunschweig: Deutscher Eichverlag

BGV A2 Elektrische Anlagen und Betriebsmittel

Betriebssicherheitsverordnung vom 27.September 2002 (BGBl.I Nr. 70, S.3777)

DIN VDE Normen CD, HBS - Elektrobau GmbH